奎文萃珍

閨訓圖說

〔清〕俞增光 編
〔清〕何雲梯 繪

文物出版社

圖書在版編目(CIP)數據

閨訓圖説 / (清) 俞增光編 ; (清) 何雲梯繪. —— 北京 : 文物出版社, 2022.9
(奎文萃珍 / 鄧占平主編)
ISBN 978-7-5010-7472-3

Ⅰ. ①閨… Ⅱ. ①俞… ②何… Ⅲ. ①女性 – 道德修養 – 中國 – 清代 Ⅳ. ①B825.5

中國版本圖書館CIP數據核字(2022)第047337號

奎文萃珍
閨訓圖説 〔清〕俞增光 編 〔清〕何雲梯 繪

主　　編：鄧占平
策　　劃：尚論聰　楊麗麗
責任編輯：李子裔
責任印製：張　麗

出版發行：文物出版社
社　　址：北京市東直門内北小街2號樓
郵　　編：100007
網　　址：http://www.wenwu.com
經　　銷：新華書店
印　　刷：藝堂印刷(天津)有限公司
開　　本：710mm × 1000mm　1/16
印　　張：14.25
版　　次：2022年9月第1版
印　　次：2022年9月第1次印刷
書　　號：ISBN 978-7-5010-7472-3
定　　價：90.00圓

序言

《閨訓圖説》二卷，清俞增光編訂，何雲梯繪圖，是關于中國古代女子教育的讀本。全書上下兩卷，收録歷代女訓事迹一百則。卷上四十二則，包含孝女類六、烈女類四、貞女類二、賢女類二、孝婦類三、烈婦類十四、節婦類十一；卷下五十八則，包含賢婦類二十二、賢母類十七、賢姑嫂類七、賢嫡妾類（婢女附）十二。每類所包含的人物按朝代先後順序排列。每則故事配圖一幅，以『右圖左傳』排列，圖文并茂。傳文頁版心上鎸題名，下鎸卷次及頁次。圖版頁版心上鎸子目題，下鎸『何雲梯繪』。

俞增光，字謙之。清同治至光緒時期浙江錢塘（今杭州）人。何雲梯，清末畫家，善畫仕女。書中女子柳眉鳳眼，神采如生，筆觸細緻生動。在構圖布景方面，也足見曲徑通幽、錯落有致之功力，方寸之間可見乾坤之妙。

卷前有俞增光序，説明此書編纂緣起：『同治九年與族兄仰山校勘《百孝圖》成，亟欲爲女子刊一專書。』恰逢得見《閨訓圖咏》，該書分門別類記載女子嘉言懿行，并附以歌咏。于是以此書爲基礎，擇其中百則事迹，删其咏歌，復請何雲梯繪圖百幅，以與《百孝圖》璧合珠聯，以此書作爲『女子之準繩，女學之羽翼』。

中國古代女學讀本自成體系，有着鮮明的特點。《閨訓圖説》在内容與形式上對歷代女學教本都有繼承與借鑒，選取歷代女子可資效仿的『善行』，按照出生爲人女、出嫁爲人婦、生子爲人母的女子身份演變次序遞進，每個階段再分爲孝、烈、貞、賢、節等幾類，記述能反映古代婦女德行的事迹和故事，以此闡明女子立身處世的道理，規定約束女子言行的準則。該書宣揚的一些婦德，如孀婦守節、自盡殉夫、自殘以全節等，是封建禮教對女性束縛與壓迫的寫照，但其褒揚的女性寬厚仁愛、勤儉樸素等美德，至今依然值得贊頌。

此本爲清代聚賢堂刻本，卷末牌記鎸『板存粤東省城學院前聚賢堂承刊刷印』。另尚有清光緒四年（一八七八）錢塘俞氏敬義堂刻本。

此據北京師範大學圖書館藏聚賢堂刻本影印。

董蕊

二〇二二年五月

閨訓圖說

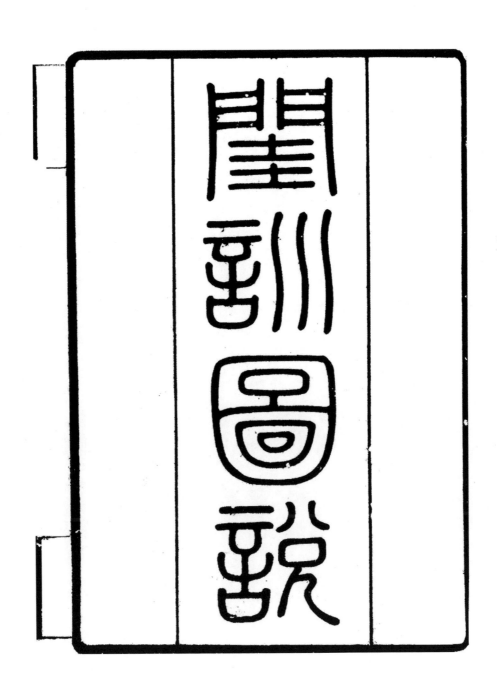

閨訓圖說

呂純陽仙師乩撰

序曰乾道成男坤道成女德判陰陽義當各取維今之世去古難追男綱不立婦道尤衰巧言惑壻自為得計變我肺腸離我兄弟不孝翁姑不順丈夫婦道

若此嗟乎嗟乎所以者何其来有自閨訓不明圖說不著教不從三德難明四豈知古昔淑範堪承嘉謨懿行如見其形豈無閨秀百媚千嬌丹心不保青史難標豈無才女弄辯逞刀厲階

忽起長舌難饒凡此等輩總屬
輕佻鬼神不祐草木同凋惟茲
淑德千古同昭孝義常存節烈
可久時對此圖閨中益友學樣
無難宜家何有所歷解人不惜
苦口播告流傳永垂不朽

光緒四年歲次戊寅五月榖旦
錢塘俞增光敬録

且夫天地生人男女胥有專責焉世但教男而不教女亦未爲知類矣予自同治九年與族凡仰山校刊百孝圖成亟欲爲女子刊一專書苦無暇日搜輯丙子春仰山偶於朱厚存處得陸博埜太守閨訓圖詠取以相示披閱之下見其中纂集懿訓博採嘉言别類分門附以歌詠誠足爲女子

之準繩女學之羽翼也惟是其書繪圖粗畧歌詞亦嫌鄙俚且原板不知何存因與友人朱壽筌大令商榷去取删其詠歌復倩何君雲梯改繪成圖僅得百幅恰與百孝圖璧合珠聯亦寓惟賢婦方可匹孝子惟孝子乃能得賢婦之意耳爰付手民俾廣流傳或有裨於閨門少助坤化凡爲女

子得此書者須當觀其遺範玩其語言互相勸勉將見德性嫻而儀則熟則女子之善備而内助之道成庶不虛生於天地之間也是爲序

光緒三年歲次丁丑錢塘俞增光謹識

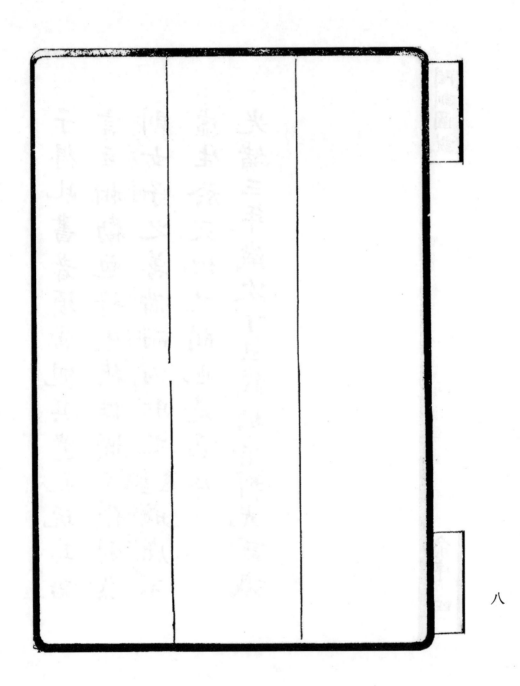

閨訓圖說卷上目錄　共四十二則

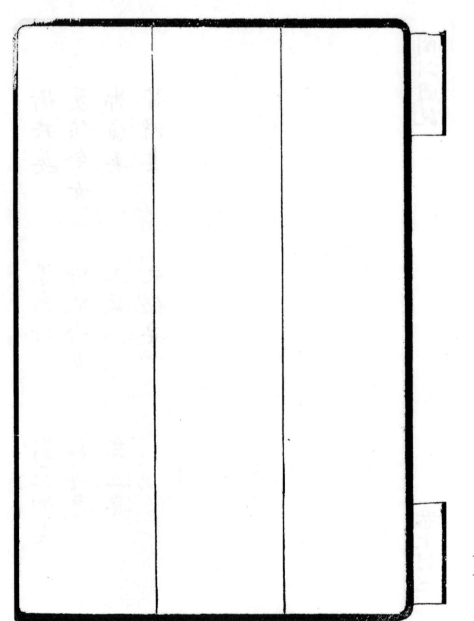

閨訓圖說卷上

錢塘俞增光謙之編訂

會稽俞　泰仰山

桂林朱世忠壽筌

仝叅訂

虞帝妹

何雲梯繪

虞帝妹敤首

敤首。舜妹也。與象同母。每以慈諫其親。以弟道規象。不從。凡父母惡舜。則密告二嫂以挽回之。實井焚廩之謀。皆預洩於舜。故舜先防。得免於死。終始調護維持。允若之功。實默賴之。

齊女倩

何雲梯繪

齊衍女婧 今山西平陽府人

齊景公有愛槐。使衍守之。下令曰。犯槐者刑。傷槐者死。於是衍醉而傷槐。景公怒。將殺之。女婧懼。乃造晏子請曰。妾父衍。先犯君令。罪固當死。妾聞明君之治國也。不爲畜傷人。不以草傷稼。今吾君以槐殺妾之父。孤妾之身。妾恐鄰國聞之。謂君愛樹而賊人也。晏子惕然。明日朝。謂景公曰。君極土木以匱民。又殺無罪以滋虐。無乃殃國乎。公曰。寡人敬受命矣。即罷守槐之役。而赦傷槐者。

鄭佐女

何雲梯繪

鄭神佐女

今山東兗州府滋陽縣

唐鄭孝女。兗州人。父神佐。爲官兵。戰死慶州。時母已亡。又無兄弟。女時年二十四。即翦髮毀服。身護喪還鄉里。與母合葬。廬墓下。手樹松柏成林。初。許適牙兵李元慶。至是謝不嫁。大中中。兗州節度使蕭俶。狀於朝。有詔旌表其閭。

謝娥

何雲梯繪

謝小娥 今江西南昌府南昌縣人

唐謝小娥。幼有志操。許聘段居眞。父與居眞同爲商販。盜申蘭申春殺之。小娥詭服爲男子。託傭申家。因羣盜飲酒。蘭春與羣盜皆醉臥。娥閉戶斬蘭首。大呼捕賊。鄉人擒春。得贓巨萬。娥乃祝髮爲尼。

盧氏女

何雲梯繪

盧氏女

今浙江温州府屬人

宋盧氏永嘉人。一日與母同行。遇虎將噬母。女以身當之。虎得女。母乃免。後有人見其跨虎而行。里人建祠於永甯鄉。理宗朝。封曰孝祐。

康友賢女
仿雲梯繪

康友賢女今河南懷慶府屬人

明。康孝女濟源人。父友賢年老無子。擇王琺入壻。女勸母納妾生子而乏乳。女亦生女。遂舍之乳其弟。曰。吾父老矣。女可得。而弟不可再得也。母嘗遘疾甚。女嘗糞甘苦。夫早沒。誓不再適。時人稱之。

兒先氏

何雲梯繪

兕先氏 今甘肅涇州人

後魏兕先氏。今甘肅涇州人。許嫁彭老生。家貧常自出汲。以養父母。老生往犯之。不從。老生曰。汝終不爲吾婦耶。女曰。女道正。終。婦道正始。禮未及成。何得相辱。老生苦相逼。女變色堅拒。老生怒而刺之。女曰。我所以執節自固。正爲君守身。不敢苟從耳。君乃見殺耶。言訖而絕。老生遂論死。詔旌其墓。曰貞女。

詹氏女

何雲梯繪

詹氏女 今安徽太平府屬人

宋。詹氏女。紹興初。年十七。淮寇號一窠蜂。破蕪湖。女嘆曰。父子俱無生理。我計決矣。頃之。賊至。執其父兄。將殺之。女泣拜曰。妾雖窶陋。願相從。贖父兄命。不然。且同死無益也。賊釋父兄縛。女麾之曰。亟走無相念。我得侍將軍足矣。從賊行數里。過市東橋。躍入水中死。賊相顧駭嘆而去。

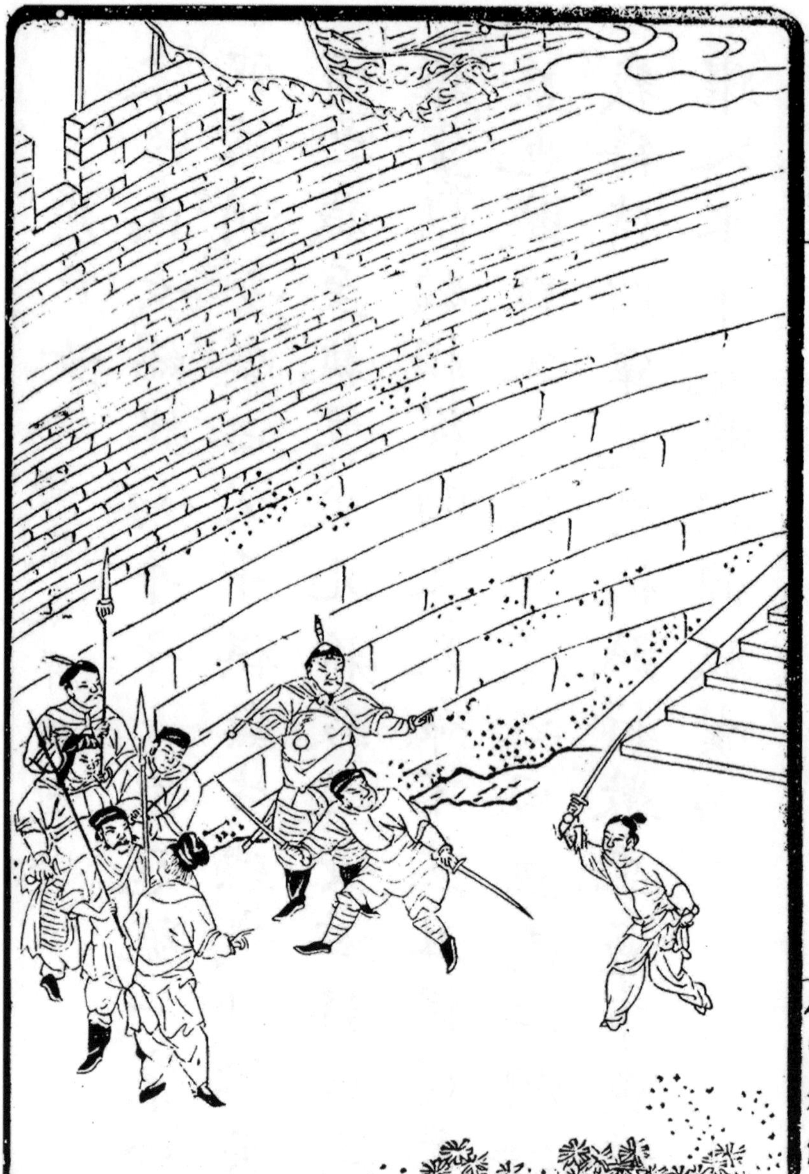

長沙女

何雲梯繪

長沙女 今湖南長沙府

明，湖廣長沙女子，不詳姓氏，年可二十，獻賊至城下，兵吏皆逃，惟女執戈登城，城陷，賊入，女持刀擊賊，賊曰，汝一女子，何能爲，女曰，吾以愧天下之爲男子者，揮刀而前，遂遇害。

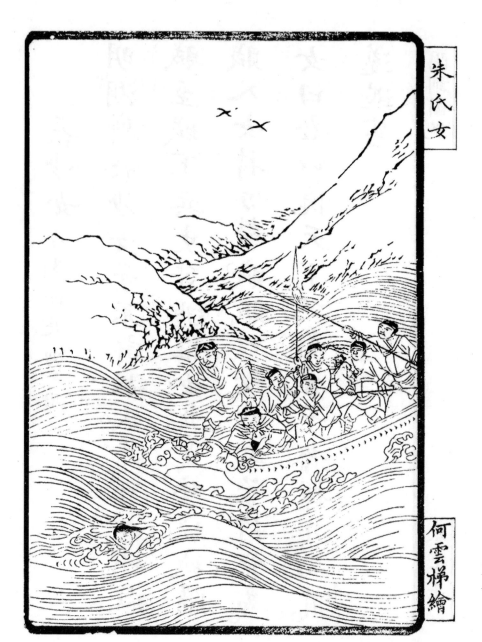

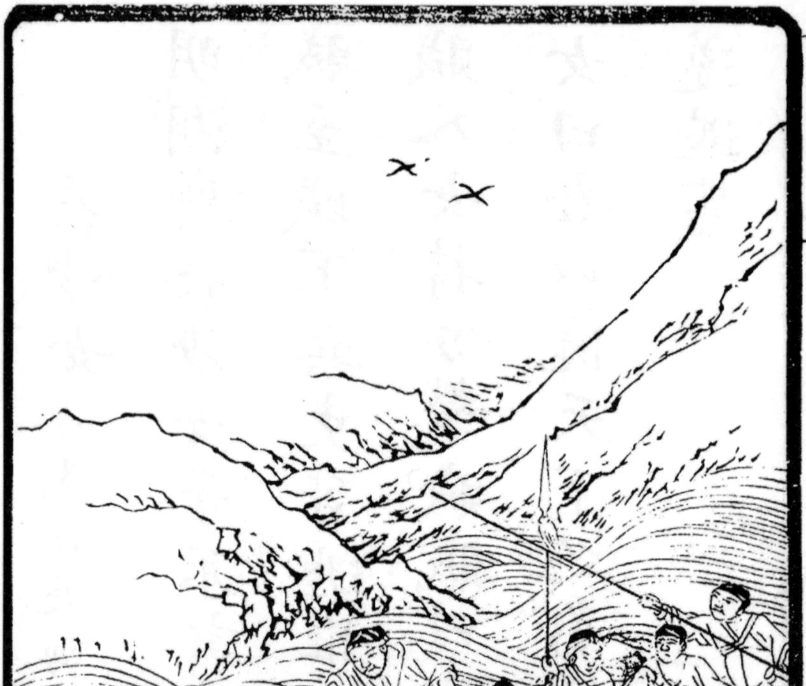

朱氏女

何雲梯繪

朱氏女 今湖南長沙府人

明末。長沙朱氏女。爲亂兵所掠。女堅志。衆莫敢犯。舟至小孤山。投江死。屍逆流三日。浮至故居水濱。夢訴於父母。驚起跡之。獲其屍。懷閒得絕句十首。有云。少小伶俜畫閣時。詩書曾奉母爲師。濤聲向夜悲何急。猶記燈前讀楚詞。又云。狂帆慘說過雙孤。掩袖潸潸淚欲枯。葬入江魚浮海去。不留羞塚在姑蘇。

黃善聰
何雲梯繪

黃善聰

明。黃善聰者。江南江甯府人。年十三。失母。父販香廬鳳間。令善聰爲男子裝。從遊數年。父死。善聰世其業。變姓名曰張勝。有李英者。亦販香。與爲伴侶者踰年。不知其爲女也。後偕返南京。省其姊。姊初不之識。詰知其故。怒詈曰。男女亂羣。辱我甚矣。拒不納。善聰以死自誓。乃呼鄰嫗察之。果處子也。相持慟哭。立爲改裝。明日英來。知爲女。怏怏如失。歸告母求婚。善聰不從。曰。若歸英。如瓜李何。鄰里交勸。執益堅。有司聞之。助以聘。判爲夫婦。

胡廣女

何雲梯繪

胡廣女 今江西吉安府吉水人

明。解縉。胡廣。兩家皆有孕。成祖命指腹爲婚。縉生子。廣生女。遂訂盟。後縉遭讒。死。子戍邊。廣欲離婚。女以刀截耳。家人覺而救之。披血兩頰。且言曰。薄命之婚。皇上命之。父面承之。一與之盟。終身不改。越數年。縉子蒙赦還。女卒歸之。

宿瘤女

何雲梯繪

宿瘤女 今山東青州府人

齊。東郭採桑女。項有大瘤。號曰宿瘤。閔王出遊。百姓盡觀。女採桑不顧。王怪問之。對曰。妾受父母教採桑。不受教觀大王。王曰。此賢女也。命後車載之。女曰。貞女一禮不備。雖死不從。於是遣歸。使使者加禮往聘迎之。女不飾如故。至宮中。宮人皆掩口而笑。王曰。無笑。不飾耳。女乃論堯舜不飾。爲天下歸善。桀紂飾。爲天下歸惡。閔王立爲后。期月之間。化行鄰國。宿瘤女有力焉。

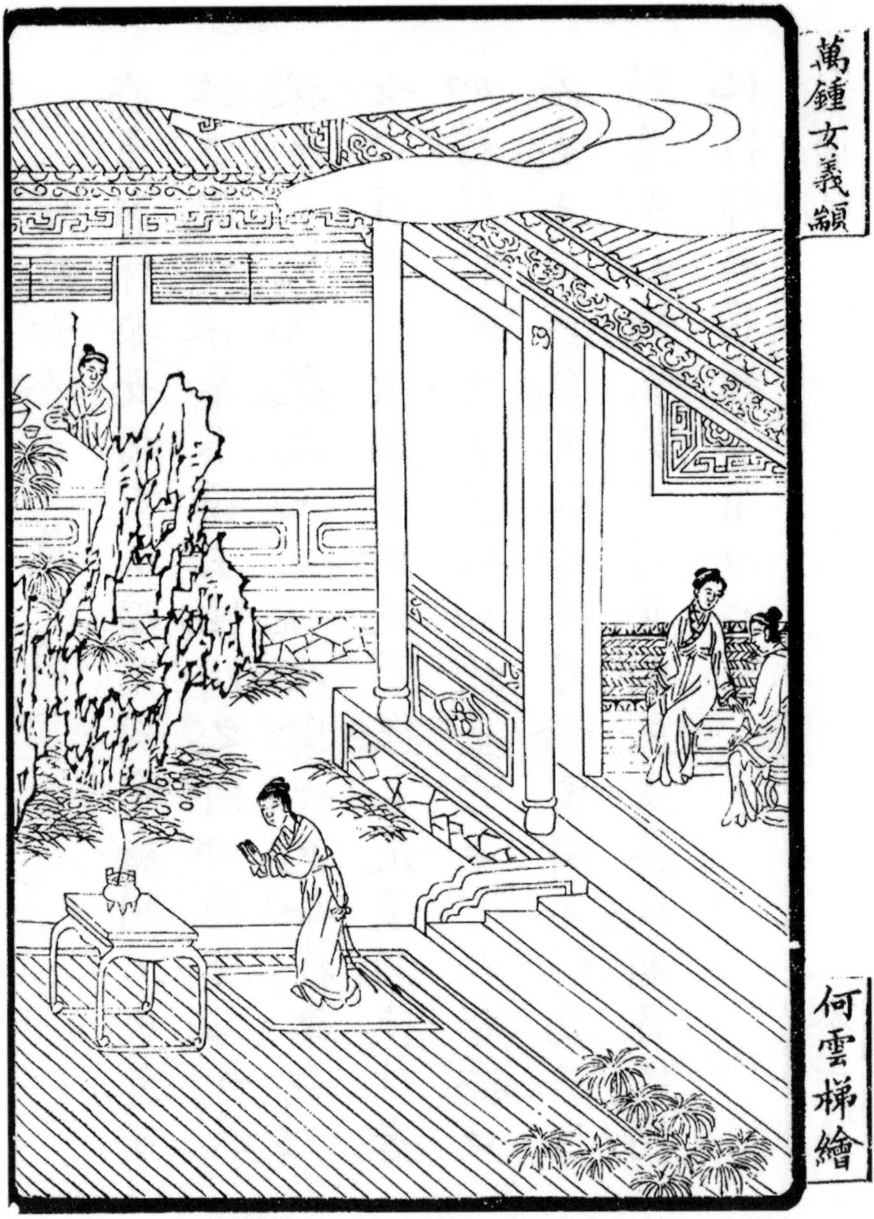
萬鍾女義頫
何雲梯繪

萬鍾女義顒 今浙江甯波府鄞縣人

明。甯波衛。指揮僉事。萬鍾女。名義顒。幼貞靜。善讀書。兩兄文武。皆襲世職。戰死。繼母曹氏。兩嫂陳氏吳氏。皆盛年孀居。吳遺腹僅六月。女旦暮拜天。哭告曰。萬氏絕矣。願天賜一男。續忠臣後。我矢不嫁共撫之。已果生男。名之曰全。女喜曰。萬氏有後矣乃與諸嫠共守。名聞。來聘。皆謝絕之。訓全讀書。迄底成立。女年七十餘卒。女之祖斌。及父兄並死王事。母及二嫂。守貞數十年。女更以義著。鄉人重之。稱爲四忠三節一義之門。

鍾覃氏

何雲梯繪

鍾覃氏 今陝西綏德州人

隋孝婦覃氏者。上郡鍾氏婦也。與其夫相見未幾而夫亡。時年十八。事後姑以孝聞。數年之間。姑及叔伯。皆相繼而死。覃氏家貧。無以葬。於是躬自節儉。晝夜紡績。畜財十年。而葬八喪。為州里所敬。事上聞。賜米百石。表其閭里。

俞新妻聞氏
何雲梯繪

俞新妻聞氏 今浙江紹興府人

元。俞新妻紹興聞氏女也。新沒。聞尚幼。父母慮其不能守。欲更嫁之。聞哭曰。一身二夫。烈婦所恥。妾可無生。可無恥乎。且姑老子幼。妾去當誰依也。即斷髮自誓。父母知其志篤。乃不忍強。姑久病風失明。聞手滌溷穢。時漱口上堂舐其目。目為復明。及姑卒。家貧無資。與子親負土葬之。朝夕悲號。聞者慘惻。

顧錢氏

何雲梯繪

顧錢氏 今江南常州府人

晉陵錢氏。顧成之媳也。錢氏往母家。夫家疫盛。轉相傳染。親戚不敢過。夫家八人俱將斃。錢聞。欲歸家。父母阻之。錢曰。人爲侍養公姑而娶媳。今公姑既病篤。忍心不歸。與禽獸何異。吾往即死。不敢望吾親惜也。隻身就道。其家忽聽鬼相語曰。諸神皆衛孝婦歸矣。速避速避。八人皆活。

韓憑妻何氏

何雲梯繪

韓憑妻何氏 今河南衛輝府封邱人

宋康王舍人。韓憑妻何氏美。王欲奪之。乃築青陵臺而望焉。奪何因憑。何作烏鵲詞以見志。曰。南山有烏。北山張羅。烏自高飛。羅當奈何。又曰。烏鵲雙飛。不樂鳳凰。妾是庶人。不樂宋王。又作書答夫。憑得書自殺。何卽陰腐其衣。與王登臺。遂投臺下死。得遺書於帶間。曰。願以屍還韓氏合葬。王大怒。令分理之。兩塚相望。經宿有梓木各生於塚。枝連於上。根交於下。又有鳥如鴛鴦。常雙棲其樹。交頸悲鳴。宋人哀之。號其木曰相思樹。

盛道妻

何雲梯繪

盛道妻趙媛姜 今四川資州人

東漢趙媛姜。資中盛道妻。建安五年。道坐罪。夫妻閉獄。子翔方五歲。姜謂道曰。官有常刑。君不得免。妾在何益。君門戶。君可同翔亡命。妾代君死。可得繼君宗廟。道依違數日。姜苦勸之。遂解脫給衣糧使去。姜代爲應對。度道走遠。乃告吏。殺之。道會赦放歸。終身不娶。

皇甫規妻

何雲梯繪

皇甫規妻 今甘肅平涼府人

東漢。皇甫規妻者。規更娶之妻也。美姿容。能文工書。規卒。妻年方少。董卓爲相、聘以輧輜乘馬。奴婢錢帛充路。妻乃縗服詣卓門。跪自陳請辭甚酸愴。卓使侍者。拔刀圍之。妻知不免。乃起罵卓曰。爾羌狄之種。毒害天下。猶未足耶。妾先人清德奕世。皇甫氏文武上才。爲國忠臣。爾其趨走吏。敢行非禮於爾君夫人耶。卓乃引車庭中。以其頭懸軛。鞭撲交下。妻謂杖者曰。重加之。令我速死。遂死車下。後人圖畫其像。號曰禮宗云。

陰瑜妻

何雲梯繪

陰瑜妻荀采 今河南許州人

東漢。陰瑜妻。荀采。潁川爽女也。聰明有才藝。年十九。產一女而瑜卒。同郡郭奕喪妻。爽以采許之。爽詐稱疾篤召采。采歸。懷刃自誓。爽令侍婢執奪其刃。扶抱載之。既到郭氏。乃僞爲喜色曰。我本欲與陰氏同穴。而逼迫至此。奈何。乃命女僕列侍。明燈盛飾。請奕入。相見共談。奕敬憚之。遂不敢逼。及曙而出。采命左右。辦湯沐浴。盡出侍者。私以粉書扇上曰。屍還陰。陰字未成。恐人來。即自縊而死。

樂羊子妻

何雲梯繪

樂羊子妻 今河南衛輝府考城人

東漢樂羊子妻。不知何氏女。羊子嘗行路。得遺金一餅。與其妻。妻曰。志士不飲盜泉之水。廉者不受嗟來之食。況拾金以汚其行乎。羊子大慙。乃捐於野。嘗遠尋師學。一年來歸。妻斷機勸夫積學。羊子感其言。還就學。七年不返。妻躬勤養姑。又遠饋羊子。俾之卒業。嘗有盜入其家。欲犯之不得。乃劫其姑。妻聞操刀而出。盜曰。速從我。不從我。殺汝姑。妻仰天慟哭。舉刀刎頸而死。盜舍其姑而去。太守聞之。賜錢帛。以禮葬之。號曰貞義。

高叡妻

何雲梯繪

高叡妻秦氏

唐。高叡妻、秦氏女也。叡爲趙州刺史。爲默啜所攻。州陷。叡仰藥不死。衆舁至默啜所。默啜示以寶刀異袍曰。爾欲之乎。降我當賜爾官。不降且死。叡視秦。秦曰。君受天子恩。貴爲刺史。城不能守。乃以死報分也。即受賊官。雖階一品。何榮之有。自是皆瞑目不語。默啜知不可屈。乃並殺之。

周廸妻

何雲梯繪

周迪妻　今江西南昌府人

唐末。周迪。洪州商人。攜妻之揚州。楊行密圍揚州。掠劫已盡。軍士食乏。市肆殺人賣肉。迪妻曰。窮蹙如此。勢不兩全。君有老母。不可不歸。請賣妾以備行資。遂自詣屠肆。得白金與迪。迪袖以行。門者詰之。迪告其故。不信。還至屠肆驗實。妻之首已在案上矣。衆悲嘆。以帛遺迪。收骸骨而歸。

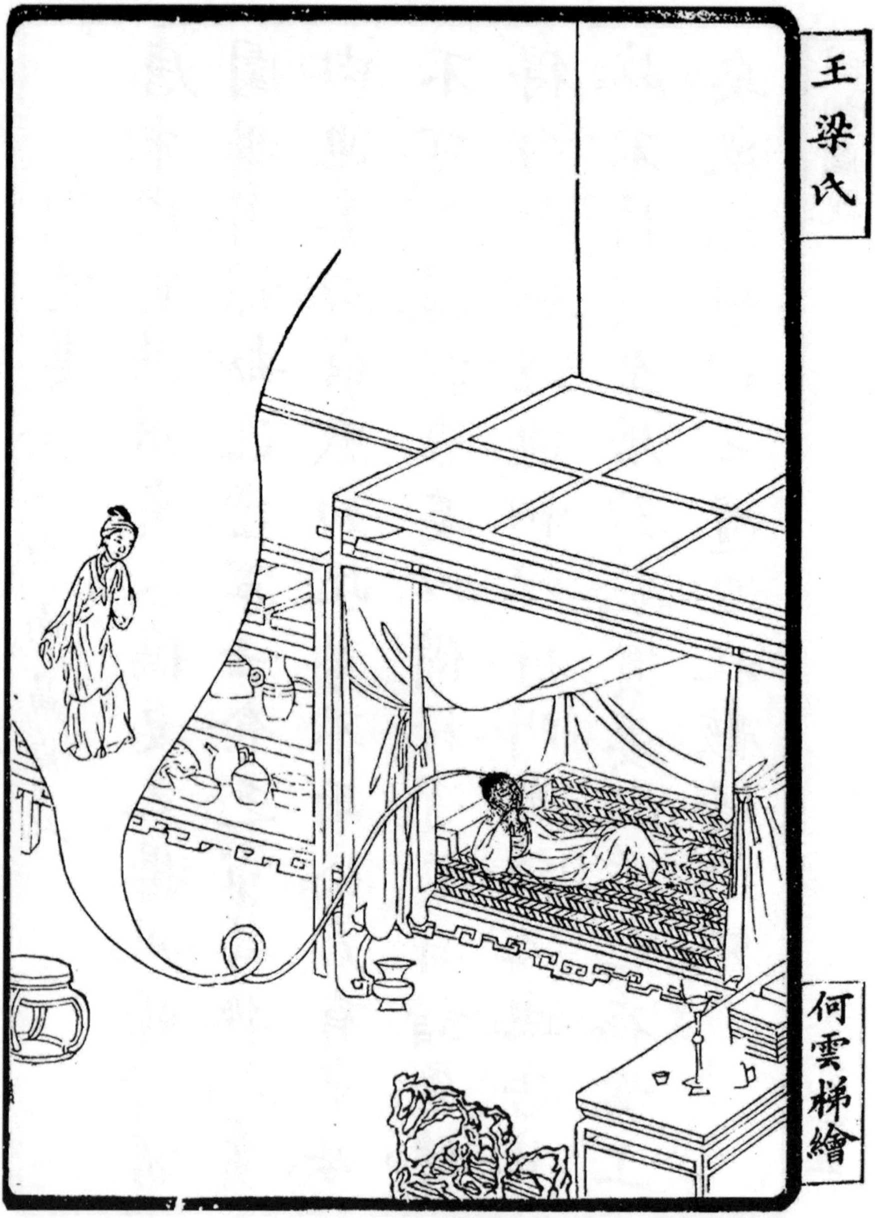
王梁氏
何雲梯繪

王梁氏今江西撫州府屬臨川人

南宋。梁氏。歸王氏家。纔數月。會元兵至。與夫約曰。吾必死。兵若更娶。當告我。頃之。夫婦俱被執。有軍千户欲納梁氏。梁紿曰。同行而事兩夫。情理均病。乞歸吾夫而後可。千户從之。夫去。計不可追矣。郎拒搏怒罵。遂被殺。越十數年。夫謀更娶。議輒不諧。因告妻。夜夢妻云。我死後生某氏家。後當復爲君婦。明日遣人聘之。一言而合。詢其生。與婦死年月日正同云。

徐允讓妻

何雲梯繪

徐允讓妻潘妙圓 今浙江紹興府屬人

潘氏。字妙圓。浙江山陰人。適同邑徐允讓。甫三月。值元兵圍城。潘同夫匿嶺西。賊得之。夫死於刃。執潘欲辱之。潘顏色自若曰。我一婦人。家破夫亡。既已見執。欲不從。君安往。願焚吾夫。得盡一慟。即事君。百年無憾矣。兵從之。乃爲坎燔柴。火正烈。潘躍入烈燄而死。

臨海王氏

何雲梯繪

臨海王氏

今浙江台州府人

王氏者。臨海大家婦也。元兵入境。夫死。婦被執。有美色。主帥欲納之。挾至嵊縣清風嶺。守少懈。婦嚙指出血。題詩石上云。君王無道妾當災。棄女拋男逐馬來。夫面不知何日見。妾身料得幾時回。兩行清淚偷頻滴。一片愁眉鎖不開。回首故山看漸遠。存亡兩字實哀哉。即投崖下而死。其血漬入石間。遇陰雨。即墳起如作書時。

李仲義妻

何雲梯繪

李仲義妻劉氏 今直隸順天府屬人

元。李仲義妻。劉氏。名翠哥。至正二十年。房山縣大饑。元兵乏食。執仲義。欲烹之。劉氏聞之遽往。涕泣伏地告曰。所執者。吾夫也。乞免其死。吾家有醬一甕。米一斗五升。窖於地中。可掘取之。兵不從。劉氏曰。吾夫瘦小。不可食。吾聞婦人肥黑者。味美。吾肥且黑。願就烹以代吾夫。兵乃釋其夫。而烹劉氏。聞者莫不哀之。

葉其瑞妻

何雲梯繪

葉其瑞妻王氏今廣東廣州府屬人

明。王氏。廣東東莞。葉其瑞妻也。其瑞貧。操舟往來鄰境。一月一歸。婦紡績易食。萬曆二十四年。嶺南大饑。氏多鬻妻子。其瑞將鬻婦博羅氏家。券成。載其人俱來。入門見氏羸甚。問之。不饘粥數日矣。其瑞泣語之故。且示之金。婦笑而許之。及舟發寶潭。躍入潭中。死。兩岸觀者如堵。皆謂水迅屍流無所底。其瑞至。從上流哭數聲。屍忽湧出。去所投處已逆流數十步矣。

唐貴梅

何雲梯繪

唐貴梅 今安徽池州府屬人

明○唐貴梅者○貴池人○適同里朱姓○姑與富商私○見貴梅悅之○以金帛賄其姑○誨婦淫者百端○勿聽○加箠楚○勿聽○繼以炮烙○終不聽○乃以不孝訟於官○通判某受商賄○拷之○幾死者數矣○商冀其改節○復令姑保出之○親黨勸婦首實○婦曰○若爾○妄之名幸全○如播姑之惡何○夜易服○自經後園梅樹下○及旦○姑起○且將撻之○至園中○乃知其死○屍懸樹三日○顏如生○

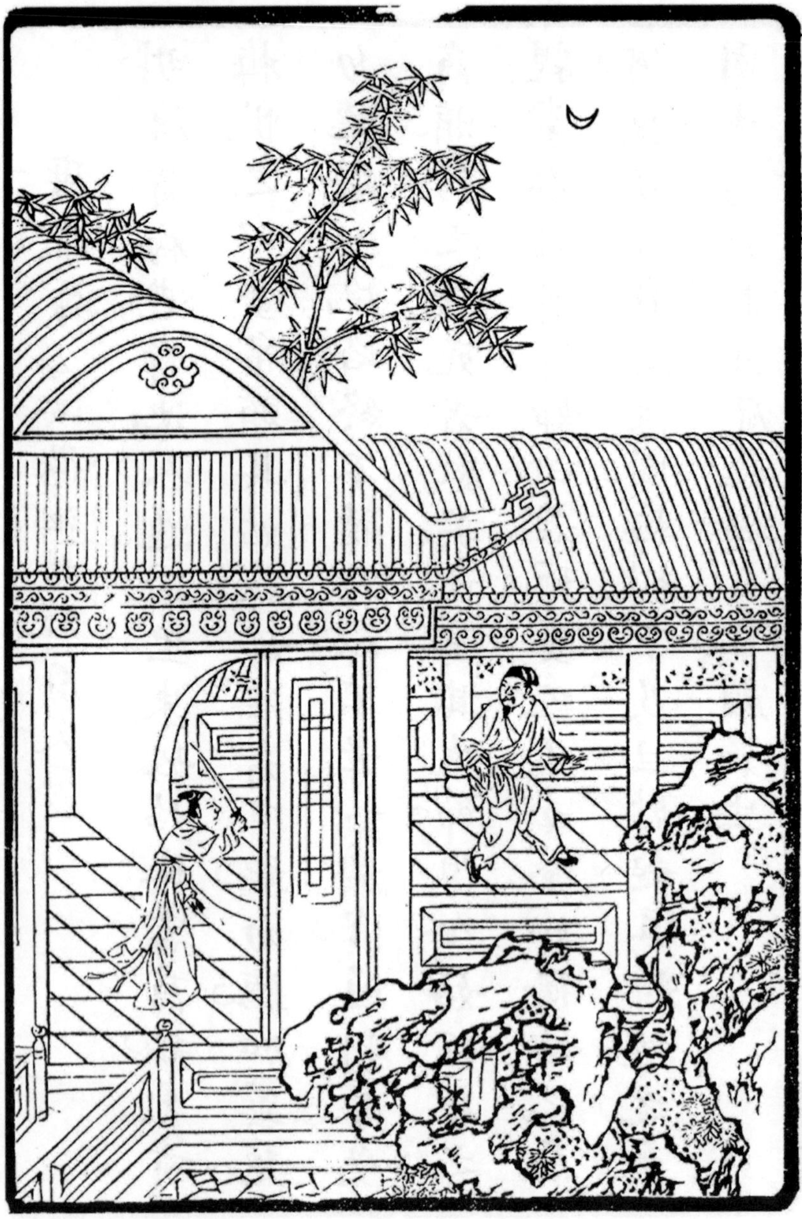

歌者婦

何雲梯繪

歌者婦

南中有大帥。貴而驕侈。有善歌婦人。頗有色。帥愛之。召與私。不從。帥以他故殺其夫。而置婦於別室。多其金珠綺繡以悅之。逾年。帥入其室。婦亦欣然接待。情甚婉孌。及就榻。婦忽出白刃於袖中。斫帥。帥絕裾而走。遣人執之。已自斷其頸矣。

衛共伯妻

何雲梯繪

衛共伯妻共姜今河南衛輝府人

衛共姜者。衛世子共伯之妻也。既嫁而共伯早死。共姜守義。父母欲奪而嫁之。共姜不許。作柏舟之詩以絕之。至死守節。不復再嫁。

梁高行

何雲梯繪

梁高行 今河南開封府人

高行者。梁之寡婦也。榮於色。美於行。夫早死不嫁。梁貴人爭欲取之。不能得。梁王聞之。使相聘焉。再三往。高行曰。妾夫不幸先狗馬塡溝壑。妾養其孫幼。勢難他適。且婦人之義。一醮不改。忘死而貪生。棄義而從利。何以爲人。乃援鏡持刀。割其鼻。曰。妾已刑矣。所以不死者。不忍幼弱之重孤也。且王之求妾者。非以色耶。刑餘之人。殆可釋矣。相報王。王免其丁徭。號曰高行。

劉長卿妻

何雲梯繪

劉長卿妻桓氏 今江南徐州府沛縣人

東漢。沛郡劉長卿。妻桓氏。生一男。五歲而長卿卒。桓氏防遠嫌疑。不肯歸甯。兒年十五夭死。桓氏慮不免。乃割其耳以自誓。鄰婦相與愍之曰。夫亡子死。無以養節。何貴義輕身若此。對曰。昔我先君五更。學爲儒宗。尊爲帝師。男以忠孝顯。女以貞順稱。詩云。無忝爾祖。聿修厥德。是以預自刑翦。以明我情。沛相王吉。上奏高行。顯其門閭。號曰行義桓嫠。

夏侯令女

何雲梯繪

曹文叔夏侯令女 今安徽潁州府亳州人

魏夏侯氏。名令女。方適曹文叔。而文叔死。令女年少無子。父母欲嫁之。令女乃斷髮爲信。後曹氏滅族。父母以其無依。必欲嫁之。令女乃截其兩耳。斷其鼻以死自誓。蒙被而臥。血流滿牀席。家人嘆而謂之曰。人生世間。如輕塵棲弱草耳。何自苦如是。且夫家夷滅已盡。守此欲誰爲哉。令女曰。吾聞仁者不以盛衰改節。義者不以存亡易心。曹氏前盛之時。尚欲保終。況今衰亡。何忍棄之。禽獸之行。吾豈爲乎。

衛敬瑜妻

何雲梯繪

衛敬瑜妻王氏 今湖北襄陽府人

南梁襄陽衛敬瑜。妻王氏。年十六。瑜亡。截其耳。誓不再嫁。戶有燕巢。常雙來雙去。後忽孤飛。女感其偏棲。乃以紅絲縷繫其足。為誌後歲。燕復來。猶帶前縷。女因為詩曰。昔年無偶去。今春猶獨歸。故人恩義重。不忍更雙飛。

魏溥妻

何雲梯繪

魏溥妻房氏 今直隸順德府鉅鹿人

北魏。魏溥妻房氏。貴鄉太守。房湛女也。幼有烈操。年十六。溥疾且卒。謂之曰。死不足恨。但母寡家貧。抱恨於黃泉耳。房垂泣曰。幸承先人餘訓。出事君子。義在偕老。有志不從。命也。今夫人在堂。弱子襁褓。不能以身相從。而多君長往之恨。何以妾爲。君其瞑目。溥卒。將大歛。房氏操刀割左耳。投棺中曰。鬼神有知。相期泉壤。姑劉氏哭而謂曰。何至於此。對曰。新婦年少。不幸早寡。慮父母未諒至情。持此自誓耳。聞者感愴。守志終身。

鄭廉妻

何雲梯繪

鄭廉妻李氏

今直隸天津府滄州人

唐人。鄭廉妻李氏。年十七嫁廉。一歲而廉死。李守志不移。夜夢一男子求爲妻。初不許。後數夜夢之。李曰。豈容貌猶妍。招此邪魔耶。即斷髮垢面。塵膚敝衣。自是不復夢。備嘗艱苦。守節終身。刺史白其操。號堅正節婦。

王凝妻

何雲梯繪

王凝妻李氏今山東青州府人

後漢。王凝。家青齊間。爲虢州司戶參軍。卒於官。凝家貧。妻李氏。攜其幼子。負凝遺骸以歸。過開封。旅舍主人見婦人獨攜一子而疑之。不許其宿。氏顧天色已暮。不肯去。主人牽其臂而出之。氏仰天長慟曰。我爲婦人。不能守節。此手乃爲人所執耶。不可以一手併汚吾身。即引斧自斷其臂。見者爲之嘆惜。開封尹聞之。白其事於朝。官賜藥封瘡。厚卹氏而笞其主人。

李五妻

何雲梯繪

李五妻張氏 今山東濟南府屬人

元李五妻張氏鄒平縣人年十八夫戍福建之福甯州死於戍時舅姑老家貧無子張蠶績以爲養及舅姑死張嘆曰夫死數千里外不能歸骨以葬者以舅姑無依不能遠離今大事盡矣而夫骨終棄遠土妾何以生乃卧積冰上誓曰使妾若能歸夫骨以葬即幸不凍死卧月餘不死鄉人異之乃相率贈以錢糧由鄒平至福甯五千餘里不四十日而至果得屍歸有司上其事旌表焉

董湄妻

何雲梯繪

董湄妻虞氏

今浙江杭州府屬海甯人

明。虞氏。海甯人董湄妻也。少慧。知書。頗善吟詠。年十六歸董。甫兩月而湄卒。痛絕欲死以殉。家衆防之。遂不得死。父母惜其年少。勸女再醮。女不應。吟菊示意云。移得春苗愛護周。柴桑無主爲誰秋。寒芳甘抱枯枝萎。羞墜西風逐水流。刻木爲夫像。晨昏事之。年五十餘卒。人皆稱其節操。

朱俊妻

何雲梯繪

朱俊妻董氏

明。海昌朱俊。妻董氏。夫亡。生子鑑。甫二歲。董水漿不入口者三日。或勸曰。子在而殉夫。爲諒溝瀆無益。乃強起飲食。晝夜號哭。聞者憐之。莆田戴大賓探花弔以詩曰。望夫歸。夫歸定何時。兒哭夫不聞。妻哭夫不知。此身不惜化爲石。汝兒無母當怨誰。芳草年年綠。吁嗟夫兮歸不歸。 兒勿哭。兒哭傷母心。汝翁棄汝去。汝母愛汝不敢嗔。何日兒當言。何日兒當步。母養兒兮苦復苦。吁嗟兒兮莫做潘郎負阿母。後鑑能樹立。當道表其閭曰慈節。

板存粵東省城學院
前聚賢堂承刊刷印

閨訓圖說卷下目錄 共五十八則

賢婦類 二十二

賢母類十七

王孫賈母　孟母仉氏　王陵母

明德馬后　陶侃母　鄭善果母

崔元暐母　二程母　張待制妻

劉安世母　歐陽修母　陳堯咨母

袁儼母　吳賀母　齊義繼母

李穆姜　余楚妻

賢姑嫂類七

邱劉氏　廖宗臣妻　鄒煐

李光進顏妻　張孟仁妻　歐公池妻

蘇少娣

賢嫡妾類 婢女附十二

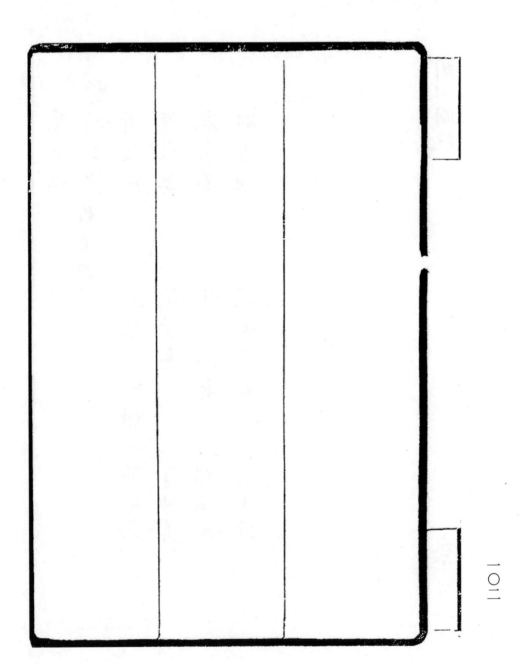

閨訓圖說卷下

錢塘俞增光謙之編訂繪刊

會稽俞　泰仰山

桂林朱世忠壽筌

仝參訂

周姜后

何雲梯繪

周姜后

齊侯女也

周宣王嘗晏起。姜后脫簪珥。待罪於永巷。使傅母通言於王曰。王樂色而忘德。失禮而晏起。亂之興。自婢子始。敢請罪。王於是勤於政事。早朝晏罷。卒成中興之名。

晉文公夫人

何雲梯繪

晉文公夫人齊姜晉都今山西絳州絳縣

初○晉文公○與舅犯出奔○適齊○齊桓公以宗女妻之○有馬二十乘○文公安之○子犯欲行而患之○與從者謀於桑下○蠶妾在焉○告姜氏○姜氏殺之○言於公子曰○從者將以子行○其聞者○吾殺之矣○公子必從○不可以貳○自子去晉○晉無寧歲○天未亡晉○有晉國者○非子而誰○公子不聽○姜與子犯謀○醉載之以行○酒醒○公子以戈逐舅犯○遂行○秦穆公以兵内之於晉○是爲文公○迎齊姜以爲夫人○遂霸天下○

郤缺妻

何雲梯繪

郤缺妻 今山西蒲州府臨晉人

晉。冀邑人。郤缺。夫婦相敬如賓客。一日缺耨。其妻饁。持飧奉夫甚謹。缺亦斂容受之。晉大夫臼季。過而見之。載以歸。言諸文公曰。敬。德之聚也。能敬必有德。德能治民。君請用之。文公以為下軍大夫。

伯宗妻

何雲梯繪

伯宗妻 今山西平陽府人

晉大夫伯宗。賢。而好以直辯凌人。每朝。其妻即戒之曰。盜憎主人。民怨其上。夫子好直言。枉者惡之。禍必及矣。伯宗不聽。一日謂其妻曰。吾欲飲諸大夫酒。而與之語。爾試聽之。於是爲大會。與諸大夫飲。既飲而問妻曰。何若。對曰。諸大夫莫子若也。然民不戴上久矣。難必及子。子盍結賢大夫以託州犂。伯宗曰。諾。乃得畢羊而交之。及欒不忌之難。郤害伯宗。譖而殺之。畢羊乃送州犂於荆。遂得免焉。

齊相御者妻

何雲梯繪

齊相御者妻今山東青州府人

齊相晏嬰。將出。有一僕爲之御。擁大蓋。策駟馬。甚自得也。僕歸。其妻怒曰。宜矣。子之卑且賤也。晏子長不滿三尺。身相齊國。名顯諸侯。吾從門間觀其志氣。恂恂自下。思念深矣。今子身長八尺。爲之僕御。乃洋洋自滿。妾甚羞之。其夫乃深自謙遜。嘗若不[illegible]。晏子怪而問之。具以實對。於是晏子言諸景公。以爲大夫。顯其妻以爲命婦。

黔婁妻

何雲梯繪

黔婁妻 今山東青州府臨淄人

魯。黔婁先生死。曾子與門人往弔之。上堂。見屍在牖下。覆以布被。手足不盡斂。覆頭則足見。覆足則頭見。曾子曰。斜引其被則斂矣。其妻曰。斜而有餘。不如正而不足也。曾子曰。先生之終。何以爲謚。其妻曰。以康爲謚。曾子曰。先生食不充口。衣不蓋形。死則手足不斂。何謚爲康。其妻曰。先生在日。君授之政。以爲國相。辭而不爲。是有餘貴也。君賜之粟三十鍾。辭而不受。是有餘富也。不戚戚於貧賤。不忻忻於富貴。其謚爲康。不亦宜乎。

陶答子妻

何雲梯繪

陶荅子妻

陶荅子治陶三年。名譽不興。家富三倍。其妻數諫不從。居五年。從車百乘歸休。宗人擊牛而賀之。其妻獨抱兒泣。姑怒曰。何不祥也。婦曰。夫子能薄而官大。是謂嬰害。無功而家昌。是謂積殃。昔楚令尹子文之治國也。國富家貧。君敬民戴。故福結於子孫[illegible]後世。今夫子治陶。家富國貧。上下棄之。敗亡[illegible]少子俱脫。姑怒逐之。處期年。荅子有罪誅。兒無所依附。婦乃歸養之。終其天年。

王仁妻羅敷

何雲梯繪

王仁妻秦羅敷今直隸廣平府屬人

邯鄲有美女。姓秦名羅敷。爲邑千乘。王仁妻。仁後爲趙王家令。羅敷出採桑於陌上。趙王登臺。見而悅之。欲奪焉。羅敷善彈箏。作陌上歌以自明。有使君自有婦。羅敷自有夫。東方千餘騎。夫壻在上頭之句。王知其不可奪。乃止。

魯義姑姊

何雲梯繪

魯義姑姊

齊攻魯。至郊。見一婦人。抱一兒。攜一兒。軍且及矣。棄其所抱。抱其所攜而走。兒隨而啼。婦人不顧。齊將追而問之。對曰。所抱者兄子。所棄者妾子也。軍至。力不能兩存。寧棄妾子耳。齊將曰。兄子與己子孰親。婦人曰。子於母。私愛也。姪從姑。公義也。子雖痛乎。獨謂義何。於是齊將按兵而止。使言於君曰。魯未可伐也。山澤婦人猶知行義。而況士大夫乎。遂還。魯君聞之。賜婦人束帛百端。號曰義姑姊。

馮昭
何雲梯繪

馮昭儀 今山西潞安府人

西漢。馮昭儀者。元帝之昭儀。光祿勳馮奉世之女也。初入宮。爲婕妤。生中山王。建昭中。上幸虎圈鬬獸。後宮皆從。熊走出。攀檻欲上殿。左右貴人皆驚走。婕妤當熊而立。左右格殺熊。天子問。汝獨不畏熊耶。對曰。妾聞猛獸得人而止。妾恐至御座。故以身當之。元帝嗟嘆。以此敬重焉。

班婕妤

何雲梯繪

班婕妤今陝西西安府咸陽人

西漢。班婕妤者。左曹越騎校尉況之女。彪之姑也。少有才學。成帝選爲少使。大被寵幸。帝嘗欲與同輦。婕妤曰。妾觀古聖帝明王。皆有賢臣在側。三代末主。迺有女嬖。妾不敢恃愛以累聖明。太后聞之。喜曰。古有樊姬。今有班婕妤。後趙飛燕姊妹。妒寵爭進。譖班婕妤怨望呪詛。帝考問。對曰。妾聞修正尚未獲福。爲邪欲以何望。使鬼有知。不受不臣之愬。如其無知。愬之何益。帝然

王章妻

何雲梯繪

王章妻 今山東泰安府平陰人

西漢。王章。字仲卿。泰山人。初爲諸生。遊學長安。獨與妻居。家貧無被。病臥牛衣中。與妻涕泣。妻厲聲曰。仲卿。京師尊貴在朝廷人。誰踰仲卿者。今疾病困厄。不自激昂。乃作兒女之態。何鄙也。成帝時。章爲京兆尹。王鳳以帝舅當權。濁亂朝政。殺人指顧間。章雖爲鳳所舉。獨不附鳳。欲上書彈之。妻曰。人當知足。獨不念牛衣中涕泣時耶。章曰。非女子所知。書上。果下廷尉。死於獄。妻子皆徙合浦。

鮑宣妻

何雲梯繪

鮑宣妻桓少君今直隸天津府滄州人

西漢。鮑宣妻。桓氏。字少君。宣嘗就少君父學。父奇其清苦。以少君妻之。資裝甚盛。宣不悅。曰。少君生富驕。習美飾。而吾實貧賤。不敢當。妻曰。大人以先生修德守約。故使妾侍執巾櫛。既承奉君子。唯命是從。宣笑曰。能如是。是吾志也。妻乃悉歸侍御服飾。更著短布裳。與宣共輓鹿車歸鄉里。拜姑禮畢。提甕出汲。修行婦道。鄉邦稱之。

曹大家

何雲梯繪

曹大家惠姬 今陝西西安府咸陽縣人

東漢。曹大家。姓班氏。名昭。字惠姬。扶風曹世叔妻。彪之女也。博學高才。世叔早卒。有節行法度。長兄固。著漢書。未竟而卒。和帝詔昭踵成之。次兄超。久鎮西域。未蒙詔還。昭伏闕上書。乞賜兄歸老。和熹鄧太后嘉其志節。數詔入宮。令皇后及諸貴人師事之。賜號大家。著有女誡七篇行世。

梁鴻妻

何雲梯繪

梁鴻妻孟光 今陝西鳳翔府屬人

東漢。梁鴻字伯鸞。扶風人。家貧不娶。同縣孟氏女名光。貌醜而黑。力舉石臼。擇對不嫁。曰。欲得賢如梁伯鸞者。鴻聞而聘之。及嫁。始以妝飾入門。鴻曰。吾欲得衣褐之人。可與俱隱深山耳。衣綺縞。傅粉黛。豈鴻願哉。光曰。將以試君耳。妾自有隱居之服。乃更爲改妝。粗衣椎髻而前。鴻大喜。曰。是吾妻也。遂共遁灞陵山中。復相從至會稽。依大家皐伯通。居廡下。爲人賃舂。光每進食。不敢於鴻前仰視。舉案齊眉。

孫翊妻

何雲梯繪

孫翊妻徐氏今江南蘇州府人

三國。吳。孫翊妻徐氏。有美色。賊嬀覽殺翊。悉取其嬪妾。復逼徐氏。氏使人乞晦日設祭除服。乃可。覽許之。氏潛使親信者。語翊舊將。孫高。傅嬰。欲以求助。又密報翊平時所恩養者二十餘人。皆許之。謀成而誓。至晦日。氏設祭除服。薰沐盛飾。施帳褥以候覽。覽密探之。無復疑慮。氏乃命高嬰輩羅伏戶外。使人報覽曰。服除矣。覽遂禮服而入。氏出拜。戶外。覽答拜。高嬰等齊出殺覽。氏仍服衰經。持覽首以祭翊墓。舉軍震駭。以爲神。

賈董氏

何雲梯繪

賈直言妻董氏 今河南開封府祥符人

唐。賈直言。貶嶺南。以妻少年。訣曰。生死不可期。吾死可別嫁。董氏不答。引繩束髮。以帛封。使直言署曰。非君手不開。直言貶二十年。乃還。署帛宛然。及湯沐。髮墮無餘。

王藻妻

何雲梯繪

王藻妻

唐王藻爲獄吏每日持金歸妻疑之因遣婢餽猪蹄十臠及歸詒云送十三臠藻怒婢所竊酷掠之婢不勝痛遂誣服妻告之故因曰君日持錢歸我謂必鬻獄所得故以婢事試之夫刑罰之下何事不承願自今勿以一錢來不義之物必招罪咎藻悚然大悟汗流浹背因題壁曰枷杻追求只爲金轉增冤債幾何深從今不願顧刀筆放下歸來遊竹林即罄所有散施棄家學道後賜號保和眞人

余洪敬妻

何雲梯繪

余洪敬妻鄭氏 令福建建甯府人

鄭氏。建州人。余洪敬妻也。南唐平建州。鄭有殊色。裨將王建封。逼之。劫以刃。不爲屈。建封嗜人肉。畧少婦百許。日殺其一具食。引鄭示之。曰。懼乎。鄭曰。願早充君庖。爲幸多矣。終不忍殺。以獻查文徽。鄭罵曰。王師弔伐。義夫節婦。特加旌賞。以風天下。王司徒出於卒伍。不知禮義。無足怪。君侯讀聖賢書。爲國大將。當表率羣下。風示遠人。乃欲加非禮於一婦人。以逞無恥之慾。妾有死而已。幸速見殺。文徽大慙。下令城中。召其夫付之。

程鵬舉妻
何雲梯繪

程鵬舉妻

宋季。程鵬舉。被掠於張萬户家爲奴。張以所掠宦家女妻之。婚三日。謂夫曰。君才貌非凡。何不爲去計。夫疑試己。訴於張。箠之。越三日。復告。夫又訴之。賣於市人家。臨行以繡鞋一。易程一履。泣曰。執此期相見也。程感悟奔歸。至元朝。爲陝西叅政。遣人攜鞋履訪之。市家。云此婦以所成布疋償賣價。乞身爲尼。遣人赴庵。尼出鞋履示之。合。乃曰。歸語相公與夫人。竟不再出。告以叅政未再娶。亦不出。旋報。程移文本省。使迎至陝。重爲夫婦焉。

周才美熄

何雲梯繪

周才美媳

明。周才美。見子婦賢能。分理家政。付與斗斛秤尺各二器。諭以出輕納重大小長短之法。婦不悅曰。翁之所爲。有逆天道。妾他日生子。定不肖敗家。人謂妾之所生。恐被玷累。才美曰。汝言誠是。當悉除之。婦問所用斗秤年數若干。才美曰。約用二十年。婦曰。請以小斗量入。大斗量出。小秤短尺買物。大秤長尺賣物。以酬前日欺瞞之數。才美感悟。欣然許諾。聽其所爲。婦後生二子。皆少年登第。

淮帥僕妻

何雲梯繪

淮帥僕妻

潁上某。爲帥淮揚有一僕。過芒碭間。其地多盜。僕與妻前驅。至葭葦中。數盜出。攻僕殺之。僕妻跪賊慟哭。叩頭感謝曰。妾本良家婦。被此人殺吾夫而擄之。無力復讎。大王今爲吾斷其首。妾殺身無以報大德。前途數里。吾母家也。肯惠顧。當有金帛相贈。賊喜而從之。至一村。保聚多人。外列戈戟。婦人走入。哭訴其故。保長賺賊入。就而擒之。無一人得免。

王孫賈母

何雲梯繪

王孫賈母（今山東青州府人）

王孫賈。年十五。事齊閔王。國亂。閔王見殺。國人不討賊。王孫母謂賈曰。汝朝出而不還。則吾倚門而望。汝暮出而不還。則吾倚閭而望汝。今汝事王。王出走。汝不知其處。尚何歸乎。賈乃入市中。令百姓曰。淖齒亂國。殺王。欲與我誅之者右袒。市人從者四百人。刺淖齒而殺之。君子謂王孫母義而能教。

孟母仉氏

何雲梯繪

孟母仉氏

孟母仉氏。舍近墓。孟子少嬉戲。爲墓閒事。母曰。此非所以居子也。乃去舍市傍。孟子嬉戲。爲賈人衒賣事。母曰。此非所以居子也。復徙舍學宮之傍。孟子嬉戲乃設俎豆。揖讓進退。母曰。此眞可以居子矣。遂居之。及孟子長。學六藝而歸。母方績問學所至。孟子曰。自若也。母以刀斷其機。曰。子廢學若吾斷斯機也。夫君子學以立名。問則廣知。奈何廢之。孟子懼。旦夕勤學。

王陵母

何雲梯繪

王陵母 今江南徐州府沛縣人墓在府城南

西漢。王陵。始爲縣豪。高祖微時。兄事陵。及高祖起沛。陵亦聚衆數千。以兵屬漢王。項羽與漢爲敵國。得陵母。置軍中。陵使至。則東嚮坐陵母。欲以招陵。陵母私送使者。泣曰。爲老妾語陵。善事漢王。漢王長者。無以老妾故。懷二心。言妾已死也。乃伏劍而死。項羽怒。烹之。陵終與高祖定天下。位至丞相。封侯。傳爵五世。

明德馬后

何雲梯繪

明德馬太后 今陝西鳳翔府扶風人

東漢。明帝后馬氏。伏波將軍援之女也。謙抑節儉。不私所親。肅宗即位。欲封諸舅。太后不聽。明年夏。大旱。言事者。以爲不封外戚之故。太后下詔曰。凡言事者。皆媚朕希恩耳。昔先帝愼防舅氏。不令在樞機之位。諸子之封。裁令半楚淮揚諸國。嘗謂我子。不得與先帝子等。今有司奈何欲以馬氏比陰氏乎。吾爲天下母。而身服大練。食不求甘。左右但著布帛。無香薰之飾者。欲以身率天下也。

陶侃母

何雲梯繪

陶侃母今江西臨江府新喻人陶侃江西番陽人後徙居江西潯陽

東晉。陶侃母湛氏生侃而貧每紡績資給之。使結勝己者。賓至。輒款延不厭。一日大雪。鄱陽孝廉。范逵宿焉。母乃徹所卧新薦。自剉給其馬。又密截髮賣以供殽饌。逵聞之。嘆曰。非此母不生此子。後侃爲潯陽縣吏。監魚梁。以一缶鮓遺母。母封還。以書責侃曰。爾爲吏不廉。是吾憂也。

鄭善果母

何雲梯繪

鄭善果母 今直隸廣平府清河人

隋○崔夫人○鄭善果母也○善果父○諱誠○周死於戰陣○善果以廕襲○爲景州刺史○尋爲魯郡太守○母嘗於廳後聽善果斷獄○聞剖析合理○則悅而無言○一日聞其妄瞋○母卽蒙被泣○終日不食○善果跪門外謝罪○母曰○汝父在官清恪○以身徇國○汝自童子○便襲茅土○今至郡伯○豈汝自能致之耶○先人之貽也○安可不極力自勉○而妄怒瞋○內墮家聲○外虧國法○吾死之日○何面目見汝先君乎○善果乃勤愼自勵○所涖之地○咸有政績焉○

崔元暐母

何雲梯繪

崔元暐母

唐○崔元暐○爲檢校員外郎○其母盧氏○嘗戒之曰○吾聞姨兄辛元馭云○兒子從官者○有人來云○貧乏不自存○此是好消息○若多藏貨貲○衣馬輕肥○是奢侈衰敗之根也○吾嘗以爲確論○比見親表中仕宦者○務多財以奉親○而其親不究所從來○但以爲喜○若出乎祿廩可矣○不然○何異盜乎○縱無大咎○獨不內愧於心○汝今爲吏○不務潔清○無以戴天履地○故元暐所至○以清白名○

二程母
何雲梯繪

二程母

○宋程伊川先生曰○吾母侯夫人○仁恕寬厚○治家有法○不嚴而肅○不喜笞扑下人○視小奴婢如兒女○諸子或加呵責○必戒之曰○貴賤雖殊○人則一也○汝如是大時○能爲此事否○

張待制妻
何雲梯繪

張待制妻魯氏

宋張待制。夫人魯氏。申國夫人之姊也。最鍾愛其女。然居常至微細事。教之必有法度。如飲食之類。飯羹許更益。魚肉不更進也。及幼女嫁呂滎公。一日夫人來視女。見舍後有鍋釜之類。大不樂。謂申國夫人曰。豈可使小兒輩私作飲食。壞家法耶。其嚴如此。

劉安世母

何雲梯繪

劉安世母 今直隸大名府元城人

宋劉安世母。有賢名。安世除諫官。未拜命。入白母曰。朝廷不以兒不肖。使居言路。諫官須明目張膽。以身任國。脫有觸忤。禍譴立至。主上方以孝治天下。若以老母辭。當可免。母曰。不然。吾聞諫官爲天子諍臣。汝父平生欲爲之。而不得。汝幸居此地。當捐身以報國恩。使得罪流放。無問遠近。吾當從汝所之。安世受命。是以正色立朝。面折廷爭。人目之爲殿上虎。

歐陽修母

何雲梯繪

歐陽修母今江西吉安府廬陵人

宋歐陽修。母鄭氏。家素貧無資。親教公讀書。以荻畫地。教公書字。嘗謂曰。汝父嘗夜覽因卌。屢廢而嘆。吾問之。曰。死獄也。求其生不得耳。吾曰。生可求乎。曰。求其生而不得。則死者與我皆無恨也。矧求而有得耶。以其有得。則知不求而死者。有餘恨矣。夫常求其生。猶失之死。而世常求其死。豈天道哉。修服之終身。

陳堯咨母

何雲梯繪

陳堯咨母今四川保甯府閬中人

宋陳堯咨母馮氏有賢德。堯咨善射。爲荆南太守。秩滿歸謁其母。母曰。爾典名藩。有何異政。對曰。州當孔道。過客以兒善射。莫不嘆服。母曰。忠孝以輔國。爾父之訓也。爾不行仁政。以善化民。顧專卒伍一夫之技。豈父之訓哉。因擊以杖。碎其金魚。

袁儼母

何雲梯繪

袁儼母

明。袁黃妻。爲其子儼作冬衣。將買絮。公曰。絲綿輕暖。家中自有。何必買絮。其妻曰。絲貴絮賤。吾欲以貴易賤。多製絮衣。贈族中寒無衣者。公喜曰。誠如是。此子壽矣。後儼登天啟乙丑第。

吳賀母

何雲梯繪

吳賀母

吳賀母謝氏。每賀與賓客語。輒於屏間竊聽之。一日賀言人長短。謝聞之怒笞賀一百。或曰。臧否士之常。而笞之若是。謝曰。愛其女者。當求三復白圭之士。妻之。今獨產一子。使知義命。而出語忘親。豈可久之道哉。因泣不食。賀恐懼。自是謹默。

齊二子母

何雲梯繪

齊二子母 今山東青州府人

齊義繼母。齊二子之母也。當宣王時。有人鬬死於道。二子立其傍。吏坐焉。兄曰。我殺之。弟曰。我殺之。期年不決。言之王。王曰。皆赦之。是縱有罪。皆罪之。是誅無辜。使相問其母。母泣而對曰。殺其少者。相曰。何謂也。母曰。少者。妾子也。長者。前妻之子也。其父疾且死。屬妾曰。善視之。妾既諾矣。豈可以忘且殺兄活弟。是廢公也。背言忘信。是欺死也。因泣下沾襟。相告王。皆赦之。尊其母曰義母。

程文鉅妻

何雲梯繪

程文矩妻李穆姜 今陝西漢中府屬人

東漢。李穆姜。南鄭人。安衆令程文矩之妻也。有二子。而前妻四子。以穆姜非所自出。謗毁日積。穆姜衣食撫字。皆倍所生。或謂母四子甚矣。何以慈爲。對曰。四子無母。吾子有母。設吾子不孝。寧忍棄乎。長子興疾困。篤。母親調藥膳。憂勞憔悴。興愈。呼三弟謂曰。繼母慈仁。出自天性。吾兄弟禽獸其心。慙負深矣。遂將三弟詣縣。陳母之德。狀已之罪。乞就刑。縣言之郡。郡守表異其母。四子許令自新。皆爲孝子。

余楚妻

何雲梯繪

余楚妻陳氏今福建建甯府屬人

余楚繼妻陳氏。建陽人。生子翼。三歲而楚死。氏盡以其產。與前妻二子。翼年十五。使遊學四方。翼在外十五年。成進士以歸。迎母入官。後二子貧困。又收養而存恤之。

邱劉氏

何雲梯繪

邱劉氏

南唐邱旭。字孟陽。家貧無進取意。秋試將邇。寡嫂劉氏敬問行期。旭以貧乏告。嫂曰。若得小郎晝錦。雖孤兒可鬻。況貲用乎。於是傾囊遺之。旭遂就鄉舉。果登第。

廖宗臣妻

何雲梯繪

廖宗臣妻歐陽氏

宋。歐陽氏。適廖宗臣。舅姑死。遺一女閏娘。纔數月。氏適生女。同乳哺之。又數月。乳不能給。以女分鄰婦乳。而自乳閏娘。二女長成。氏於閏娘倍厚焉。女以爲言。氏曰。汝我女。小姑祖母女也。且汝有母。小姑無母。何可相同。因泣下。女愧悟。諸凡讓姑。宗臣後判清河。富貴家多求氏女。氏曰。小姑未字。吾女何敢先。卒以富貴家先閏娘。簪珥衣服器用。罄其嫁時妝奩之美者送之。送女之具不及也。氏沒。閏娘哭之。至嘔血病歲餘。

鄒媖

何雲梯繪

鄒媖

宋人。鄒媖。繼母女也。前母兒。娶妻荆氏。母惡之。飲食常不給。媖私以己食。繼之。母苦役荆。媖必與俱。荆有過誤。媖先引爲己罪。母每扑荆。則跪泣曰。願爲嫂受笞。嫂實無罪。母徐察之。後適爲士人妻。抱數月兒歸甯。嫂置諸牀上。兒偶墜火爛額。母大怒。媖曰。吾卧於嫂室不慎。嫂不知也。兒死。荆悲悔不食。媖相慰曰。我夜夢凶。兒當死。不則我將不利。強嫂食而後食。母後見女之得愛於夫家也。竟成慈母。媖五子。四登進士。年九十三卒。

李光顏進妻

何雲梯繪

李光進顏妻

唐振武節度使李光進。弟光顏。未貴時。光顏先娶。其母委以家事。及光進娶。母已亡。弟婦籍資財。納筦鑰於姒。光進婦仍反之。曰。娣逮事先姑。且嘗命主家事。不可改也。因相持泣。乃如初。

張孟仁妻

何雲梯繪

張孟仁仲義妻

宋張孟仁妻鄭氏。仲義妻徐氏。皆敦義睦。徐富鄭貧。從不以相形介嫌。恒於一室紡績。徐母家有所饋。必納於姑。臨用則請取之。未嘗私爲己物。鄭有疾。徐乳其子。徐有疾。鄭亦如之。不問孰爲己子。子亦不知孰爲己母。家有一貓一犬。貓爲人竊去。犬就貓子乳之。人以爲和氣所感。太平興國閒。旌其門曰二難。

歐公池妻

何雲梯繪

歐公池妻馮氏

宋歐公池嫡母所生兩兒皆庶出父以公屬嫡欲厚之池妻馮氏請於舅曰嫡庶子爲父母服有異否舅曰無異馮氏曰均子也服無差等豈可異乎舅大悅從之後累世簪纓

蘇少娣

何雲梯繪

蘇少娣

蘇少娣。姓崔氏。蘇兄弟五人。娶婦者四矣。各聽女奴語。日有爭言。甚者鬩牆操刃。氏始嫁入門。事四嫂。執禮甚恭。嫂有缺乏。氏曰。吾有。即以遺之。姑有役其嫂者。氏曰。吾後進。當勞。吾爲之。母家有果肉之餽。召諸子姪分與之。嫂各以怨言告氏者。氏笑而不答。氏女奴以妯娌之言告者。氏笞之。尋以告嫂引罪。嘗以錦衣抱嫂小兒。適便溺。嫂急接之。氏曰。無遽。恐驚兒也。了無惜意。歲餘。四嫂相謂曰。五嬸大賢。我等非人矣。乃相與和睦。

周太姒

何雲梯繪

周太姒

詩。周文王生有聖德。又得姒氏以爲之配。螽斯章。序后妃不妒忌。而子孫衆多。故衆妾以螽斯比之。小星章。序南國夫人。承后妃之化。能不妒忌。以惠其下。故衆妾美之。而又安於義命也。

趙衰妻晉姬

何雲梯繪

趙衰妻晉姬今山西蒲州府臨晉人

趙姬。晉文公女也。初文公爲公子時。與趙衰奔狄。狄人隗氏入二女。公納季隗。以叔隗妻衰。生盾。及返國。文公又以女趙姬妻之。生原同屏括樓嬰。趙姬請迎盾與其母。趙衰不敢從。姬曰。不可。夫得寵忘舊。安富室而棄賤交。何以使人。雖妾亦無以侍巾櫛矣。君其逆之。衰乃逆叔隗與盾來。姬以盾爲賢。請立爲嫡子。使三子下之。以叔隗爲内婦。而已下之。

鮑蘇妻

何雲梯繪

鮑蘇妻女宗 今河南歸德府人

女宗者。宋鮑蘇之妻也。鮑蘇仕衛三年。而娶外妻。女宗養姑甚謹。因往來人問候其夫。賂遺外妻甚厚。其嫂曰。夫子既有所好。子何留乎。女宗曰。婦人一醮不改。供衣服以事夫子。精酒食以事舅姑。以專一爲貞。以善從爲順。豈以專夫之室爲善哉。忌夫所愛。是謂貪淫。婦德之恥也。夫禮天子十二。諸侯九。卿大夫三。士二。今吾夫誠士也。有二不亦宜乎。且婦人七出。妒居其一。嫂不教以居室之善。而使爲可棄行耶。宋公衣其閭。曰女宗。

趙淮妾

何雲梯繪

趙淮妾 今湖南長沙府屬人

南宋。趙淮長沙人。德祐中。攜妾戍銀樹壩。元兵至。俱執至瓜洲。元將使淮招李庭芝降。淮不從。爲所殺。棄屍江濱。妾入元軍泣曰。妾夙事趙運使。今屍棄不收。情不能忍。願得掩埋。終身事公無憾。元將憐之。使數兵輿至江上。妾聚薪。焚淮骸骨。置瓦缶中。自抱持。操小舟至中流。仰天慟哭。躍水而死。

花雲妾

何雲梯繪

花雲妾孫氏今安徽鳳陽府屬人

明。花雲妻郜氏。妾孫氏。俱懷遠人。雲守太平。與陳友諒戰。爲所縛。不屈死。郜生子煒。方三歲。郜聞城將陷。遂赴水死。孫瘞郜屍。遂抱兒以行。脫簪珥覓漁舟渡江。遇亂軍奪舟。棄孫於水。孫抱兒遇斷木浮至。附之。入葦洲。採蓮實哺兒。七日不死。夜半聞人語聲。呼之。逢一翁。自稱雷老。引達帝所。孫抱兒拜且哭。帝亦哭。置兒於膝。曰。此將種也。雷老忽不見。煒後拜水軍左衛指揮使。偕孫至太平。奉郜骸骨。爲雲刻像。合葬上元縣。

姜榮妄

何雲梯繪

姜滎妾竇妙善今北直順天府人

明竇妙善京師人爲主事姜滎妾正德中滎以瑞州通判攝府事華林賊寇瑞滎出走賊入城執其妻及婢數人時氏居別室急取府印開後窻投荷池衣鮮衣前曰太守統兵出東門捕爾等安得執吾婢賊意其夫人也解所執數人獨與氏出城適所驅隸中有諴豹者氏視前後無賊低語豹曰太守不知印處汝歸告太守前行遇井即畢命矣行至花塢遇井氏詭欲飲水跳身以入越七年郡縣上其事詔建特祠賜額貞烈

宋蒙妾
何雲梯繪

宋蒙妾余氏今湖北黃州府屬人

明。余氏。黃岡宋蒙妾。蒙妻劉。舉子女各一人。余無所出。及蒙卒。劉他適。妾辛勤育之。日事紡績。非午夜不休。壺政嚴肅。親屬莫敢窺其門。踰二十年。忽謂子女曰。吾命將盡。不能終視若輩。惟望若輩爲上流人爾。越數日。無疾而逝。

楊玉山妾

何雲梯繪

楊玉山妾張氏 今江南江甯府人

明義妾張氏南京人松江楊玉山商南京娶爲妾逾月以婦妒遣之歸張屏居自守楊亦數往來所贈千計後二十餘年楊坐役累罄其產怏怏失明張聞之直造楊廬拜主母捧楊袂大痛乃悉出向所贈金珠具裝嫁其二女并爲二子娶婦留侍湯藥踰年楊死守其柩不去旣免喪父母強之歸不從矢志以没終身不見一人

郭試婢

何雲梯繪

郭斌婢 今甘肅蘭州府靖遠人

郭斌。金人也。元兵圍會州。斌力戰不屈。驅妻子一室焚之。已而自投火中。有女婢自火中抱兒出。泣授人曰。將軍盡忠。忍使絕嗣。此其兒也。幸哀而收之。言畢。復赴火中死。元將惻然。爲保其孤。

卲方婢

何雲梯繪

邵方婢丹陽今江南鎮江府屬

明。邵氏。丹陽大俠邵方家婢也。方子儀。令婢視之。萬歷初。巡撫張佳允捕殺方。並逮儀。儀甫三歲。捕者以日暮未發。閉方所居宅。守之。方女夫武進沈應奎。義烈士。念儀死。邵氏絶。往救之。踰城出。夜半抵方家。踰牆入。婢方坐燈下。抱儀泣曰。安得沈郎來屬以此子。應奎倉卒前。婢立以儀授之。頓首曰。邵氏之祀。在君矣。此子生。婢死無憾。應奎匿儀去。旦日。捕者失儀。繫婢毒掠。終無言。會有爲方解者。事乃寢。婢撫其子以老。

周大夫婢

何雲梯繪

周大夫婢

周大夫。自衞仕於周二年。且歸。其妻淫於鄰人。恐覺之。爲毒藥。使婢進之。婢私念。進之恐殺主父。告之恐殺主母。因陽僵覆酒。主父怒笞將死。終不言。大夫弟聞其事。具以告大夫。乃殺其妻。將納婢以代之。婢辭曰。主以辱死。而妾獨生。是無義也。代主之位。是逆禮也。欲自殺。大夫乃厚幣嫁之。君子爭娶焉。

翟素婢

何雲梯繪

翟素婢

今浙江紹興府屬人

會稽。翟素。士族之女也。聘而未嫁。賊至欲犯之。臨以刃。不從。其房婢名青者。跪泣曰。無驚我姑氏。青乞代死。賊竟殺素。又欲犯青。青曰。我欲代姑。冀全其名節性命耳。姑既見殺。我生何爲。遂駡賊。賊復殺之。

板存粵東省城學院
前聚賢堂承刊刷印

ISBN 978-7-5010-7472-3
9 787501 074723 >
定價：90.00圓